슬기로운 점심생활

직장인의 기본소양, 점심메뉴 정하기

슬기로운 점심생활

#행복한 고민의 시간

#적절한 메뉴 선택 능력

가까운 곳에 있는 행복

소개글

행복은 언제나 우리 곁에 있습니다. 상쾌한 아침 잠에서 일어날 때, 새로산 신발을 신을 때, 따뜻한 이불 속에서 웹툰을 볼 때, 오랜만에 반가운 친구를 만났을 때, 하루를 마무리하고 노래를 흥얼거리며 샤워를 할 때 여러분은 주변에 있는 행복을 충분히 만끽하고 계신가요?

그 중에서도 가장 가까운 행복 중 하나는 우리가 매일 먹는 '식사'일 것입니다. 무엇을 먹을지 고민하고, 음식점을 찾아보고, 맛을 기대하면서 보내는 시간은 이미 우리 모두에게 가장 행복하고 즐거운 일로 자리 잡게 되었습니다.

행복한 고민의 시간을 '슬기로운 점심생활'과 함께 하세요. 무엇을 먹을지 고민하는 과정을 입맛을 돋우는 사진과 함께한다면 당신의 결정은 더 큰 만족과 행복으로 이어질 것입니다.

나만의 맛집 리스트

나만의 맛집 리스트를 만들어봅시다.
적절한 메뉴 선택 능력은 사회생활의 기본 중
하나라는 것을 기억하세요.

'어느 날 갑자기 당신이 주변 사람들에게
예쁨받는다고 느껴진다면,
당신이 일을 잘해서가 아니라
당신의 메뉴선택능력이 원인일 것이다'

- 말랑탱크

위치	식당이름	메뉴	평점

맛집 리스트

위치	식당이름	메뉴	평점

위치	식당이름	메뉴	평점

위치	식당이름	메뉴	평점

나의 직장, 집, 생활 반경, 지역 내에서

나만의 맛집 리스트를 만들어

가족, 연인, 친구 등

소중한 사람에게 선물해보면 어떨까요?

점심메뉴 리스트

사용 설명서

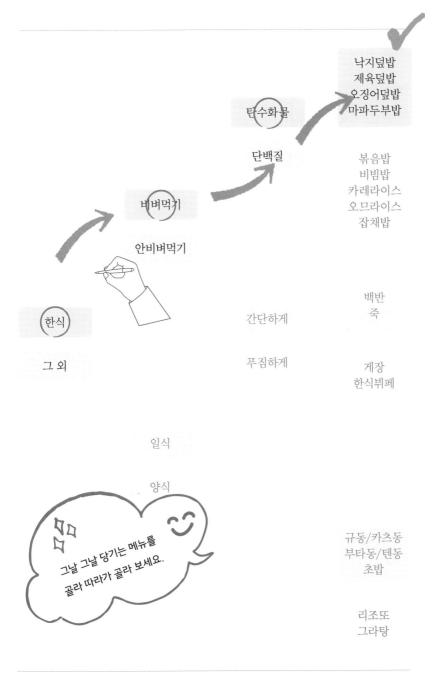

낙지덮밥
제육덮밥
오징어덮밥
마파두부밥

탄수화물

단백질

볶음밥
비빔밥
카레라이스
오므라이스
잡채밥

비벼먹기

안비벼먹기

한식

간단하게

백반
죽

그 외

푸짐하게

게장
한식뷔페

일식

양식

그날 그날 당기는 메뉴를
골라 따라가 골라 보세요.

규동/카츠동
부타동/텐동
초밥

리조또
그라탕

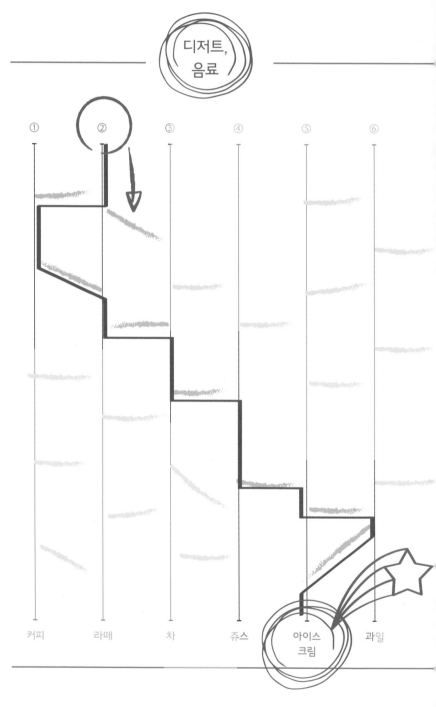

디저트, 음료

① ② ③ ④ ⑤ ⑥

커피　　라떼　　차　　쥬스　　아이스크림　　과일

밥류

꿀꺽!

언제나 든든한 포만감과 만족감을 선사하는

밥은 어떠신가요?

—

어떤 음식이 드시고 싶으세요?

백반·한식뷔페 | 죽 | 볶음밥 | 비빔밥 | 마파두부밥

잡채밥 | 리조또 | 그라탕 | 규동 | 카츠동 | 부타동 | 텐동

제육덮밥 | 오징어덮밥 | 게장

카레라이스 | 오므라이스 | 초밥

고르기 어렵다구요?

제가 도와드릴게요!

			제육덮밥 오징어덮밥 마파두부밥
		탄수화물	
		단백질	볶음밥 비빔밥 카레라이스 오므라이스 잡채밥
	비벼먹기		
	안비벼먹기		
			백반 죽
한식		간단하게	
그 외		푸짐하게	게장 한식뷔페
	일식		
	양식		
			규동/카츠동 부타동/텐동 초밥
			리조또 그라탕

먹어봄 ☐   선호도 ☆☆☆☆☆

죽

☀ 먹어봄 ☐   🍵 선호도 ☆ ☆ ☆ ☆ ☆

🍚 먹어봄 ☐   🔺 선호도 ☆☆☆☆☆

비빔밥

☀ 먹어봄 ☐　　　　　🍴선호도 ☆ ☆ ☆ ☆ ☆

마파두부밥

먹어봄 ☐   선호도 ☆☆☆☆☆

잡채밥

리조또

🍖 먹어봄 ☐   🔺 선호도 ☆☆☆☆☆

그라탕

☀ 먹어봄 ☐   🥄선호도 ☆☆☆☆☆

규동

먹어봄☁️ ⬜ 선호도 🔺 ☆☆☆☆☆

카츠동

☀ 먹어봄 ☐   🐦 선호도 ☆ ☆ ☆ ☆ ☆

🍙 먹어봄 ☐　　　　🏔 선호도 ☆☆☆☆☆

텐동

☀ 먹어봄 ☐   🍃 선호도 ☆ ☆ ☆ ☆ ☆

제육덮밥

🍃 먹어봄 ☐   ⛰️ 선호도 ☆☆☆☆☆

오징어덮밥

☀ 먹어봄 ☐   🥄 선호도 ☆ ☆ ☆ ☆ ☆

게장

먹어봄 ☐   선호도 ☆☆☆☆☆

카레라이스

☀ 먹어봄 ☐   🍽 선호도 ☆ ☆ ☆ ☆ ☆

오므라이스

먹어봄 ☐   ▲ 선호도 ☆☆☆☆☆

초밥

☀ 먹어봄 ☐   🍃선호도 ☆ ☆ ☆ ☆ ☆

면류

호로록!

넘기는 맛이 깔끔하고

모양에 따라 다양한 식감을 제공하는

면은 어떠신가요?

어떤 음식이 드시고 싶으세요?

칼국수 | 수제비 | 물회 | 비빔국수 | 잔치국수

짜장면 | 짬뽕 | 마라탕 | 물냉면 | 비빔냉면

스파게티 | 소바 | 야끼소바 | 우동

고르기 어렵다구요?

제가 도와드릴게요!

			짬뽕 마라탕
		중식	
		그 외	칼국수 수제비 잔치국수 우동 온소바
	따뜻하게		
	시원하게		
국물			냉소바 물냉면
국물없음			
	매운맛		
	담백한맛		
			비빔국수 물회 비빔냉면
			짜장면 스파게티 야끼소바

칼국수

먹어봄 ☐ 　　　　선호도 ☆☆☆☆☆

수제비

물회

🍲 먹어봄 ☐　　　　🔺 선호도 ☆ ☆ ☆ ☆ ☆

비빔국수

☀ 먹어봄 ☐   🍵 선호도 ☆ ☆ ☆ ☆ ☆

잔치국수

🔵 먹어봄 ☐   🔺 선호도 ☆ ☆ ☆ ☆ ☆

짜장면

☀ 먹어봄 □　　　　　🍛선호도 ☆ ☆ ☆ ☆ ☆

짬뽕

먹어봄 ☐   선호도 ☆☆☆☆☆

마라탕

☀ 먹어봄 ☐   🍃 선호도 ☆ ☆ ☆ ☆ ☆

먹어봄 ☐   선호도 ☆☆☆☆☆

비빔냉면

☀ 먹어봄 ☐   🐦선호도 ☆ ☆ ☆ ☆ ☆

스파게티

먹어봄 ☐   선호도 ☆☆☆☆☆

소바

☀ 먹어봄 ☐　　　　　🐟선호도 ☆ ☆ ☆ ☆ ☆

야끼소바

🍞 먹어봄 ☐   🔺 선호도 ☆☆☆☆☆

우동

☀ 먹어봄 ☐   🍷선호도 ☆ ☆ ☆ ☆ ☆

국류

후후~

시원하게 넘어가는 국물!

밥과 함께 먹으면 더욱 든든한

국은 어떠세요?

어떤 음식이 드시고 싶으세요?

미역국 | 곰탕 | 설렁탕 | 추어탕 | 동태탕

선짓국 | 뼈다귀해장국 | 육개장 | 황태국 | 떡국 | 만둣국

김치찌개 | 된장찌개 | 부대찌개 | 순두부찌개

콩나물국밥 | 순대국밥·돼지국밥 | 삼계탕

고르기 어렵다구요?

제가 도와드릴게요!

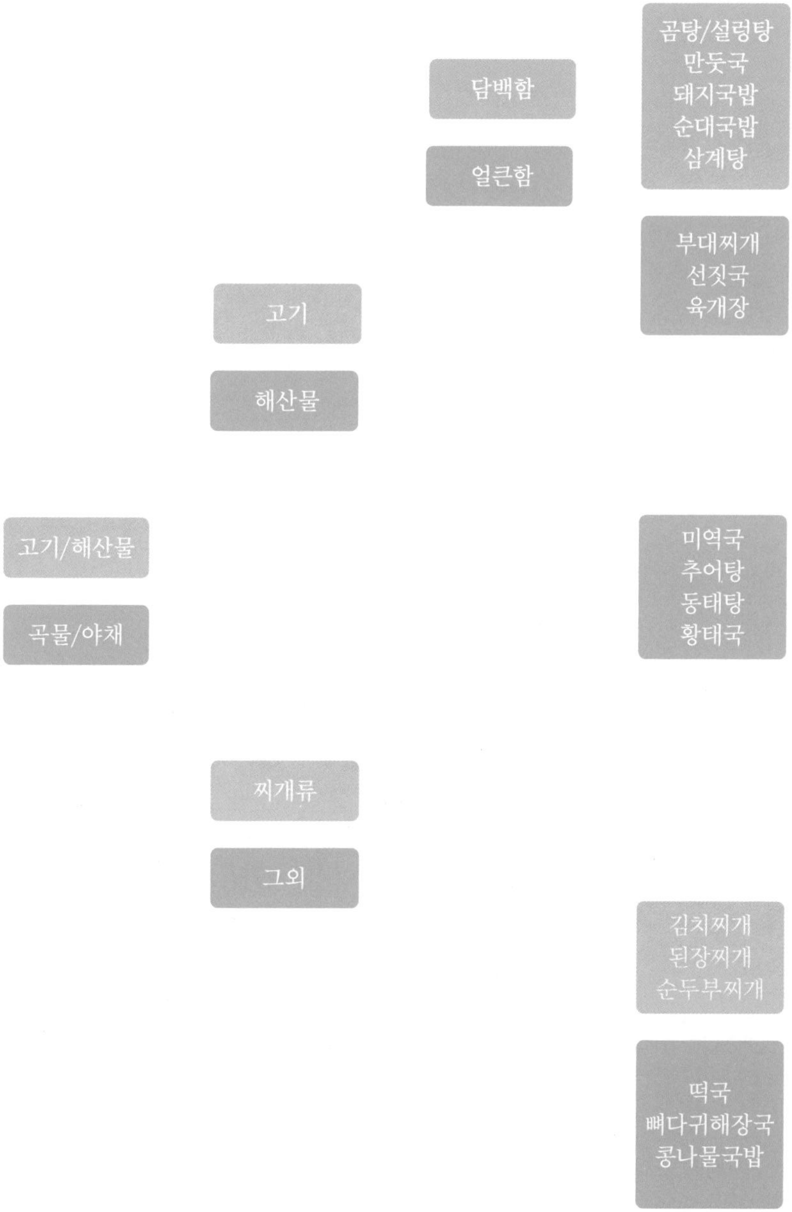

담백함

얼큰함

곰탕/설렁탕
만둣국
돼지국밥
순대국밥
삼계탕

부대찌개
선짓국
육개장

고기

해산물

고기/해산물

곡물/야채

미역국
추어탕
동태탕
황태국

찌개류

그외

김치찌개
된장찌개
순두부찌개

떡국
뼈다귀해장국
콩나물국밥

미역국

🥟 먹어봄 ☐   🔺 선호도 ☆☆☆☆☆

곰탕

☀ 먹어봄 ☐   🍃 선호도 ☆☆☆☆☆

설렁탕

추어탕

동태탕

🍜 먹어봄 ☐   🔺 선호도 ☆☆☆☆☆

선짓국

🍵 선호도 ☆ ☆ ☆ ☆ ☆

뼈다귀해장국

먹어봄 ☐   선호도 ☆☆☆☆☆

육개장

☀ 먹어봄 ☐   🍃선호도☆☆☆☆☆

황태국

먹어봄 ☐   선호도 ☆☆☆☆☆

떡국

☀ 먹어봄 ☐　　　🥄 선호도 ☆ ☆ ☆ ☆ ☆

만둣국

🌓 먹어봄 ☐   🔺 선호도 ☆☆☆☆☆

김치찌개

☀ 먹어봄 ☐   🍃선호도 ☆ ☆ ☆ ☆ ☆

된장찌개

먹어봄 ☐   선호도 ☆☆☆☆☆

부대찌개

☀ 먹어봄 ☐   🍄선호도 ☆ ☆ ☆ ☆ ☆

순두부찌개

콩나물국밥

☀ 먹어봄 ☐   🍵 선호도 ☆☆☆☆☆

순대국밥/돼지국밥

먹어봄 ☐   선호도 ☆☆☆☆☆

삼계탕

☀ 먹어봄 ☐   🍃 선호도 ☆ ☆ ☆ ☆ ☆

고기류

냠냠

씹으면 입안에 가득 퍼지는 육즙!

담백하고 고소한

고기는 어떠세요?

어떤 음식이 드시고 싶으세요?

돈까스 | 스테이크 | 와규

샤브샤브 | 탕수육 | 라조기 | 깐풍기

찜닭 | 닭갈비 | 보쌈 | 족발

고르기 어렵다구요?

제가 도와드릴게요!

스테이크
와규
닭갈비

구이

튀김

돈까스
탕수육
라조기
깐풍기

삶기/찜

보쌈
족발
찜닭
샤브샤브

돈까스

먹어봄 □   선호도 ☆☆☆☆☆

스테이크

☀ 먹어봄 ☐   ◕ 선호도 ☆ ☆ ☆ ☆ ☆

와규

먹어봄 ☐   선호도 ☆☆☆☆☆

샤브샤브

☀ 먹어봄 ☐   🍃 선호도 ☆ ☆ ☆ ☆ ☆

탕수육

🫐 먹어봄 ☐   🔺 선호도 ☆☆☆☆☆

라조기

☀ 먹어봄 ☐   🍃 선호도 ☆☆☆☆☆

깐풍기

🍱 먹어봄 ☐   🔺 선호도 ☆ ☆ ☆ ☆ ☆

찜닭

☀ 먹어봄 ☐   🍃선호도 ☆ ☆ ☆ ☆ ☆

닭갈비

먹어봄 ☐   선호도 ☆☆☆☆☆

보쌈

☀ 먹어봄 ☐   🍃선호도 ☆ ☆ ☆ ☆ ☆

족발

먹어봄 ☐   선호도 ☆☆☆☆☆

Memo

생선류

지글지글!

밥과 환상의 궁합!

고소하고 담백한 향이 입안을 가득 채우는

생선은 어떠세요?

어떤 음식이 드시고 싶으세요?

갈치구이(조림) | 고등어구이(조림)

꽁치구이 | 가자미구이

고르기 어렵다구요?

제가 도와드릴게요!

구이

갈치구이
고등어구이
꽁치구이
가자미구이

조림

갈치조림
고등어조림

갈치구이(조림)

먹어봄 ☐　　　선호도 ☆☆☆☆☆

고등어구이(조림)

☀ 먹어봄 ☐   🍃 선호도 ☆ ☆ ☆ ☆ ☆

꽁치구이

먹어봄 ☐　　　선호도 ☆☆☆☆☆

가자미구이

☀ 먹어봄 ☐   🍃 선호도 ☆ ☆ ☆ ☆ ☆

분식류

문제!

든든하게 먹고싶은데
군것질이 땡긴다면?

편하게 먹을 수 있는
'분식'이 정답입니다!

어떤 음식이 드시고 싶으세요?

김밥 | 떡볶이 | 순대 | 어묵

라볶이 | 라면 | 튀김

고르기 어렵다구요?

제가 도와드릴게요!

라면
라볶이

면류

그 외

김밥
떡볶이
순대/어묵
튀김

김밥

 먹어봄 ☐   ▲ 선호도 ☆☆☆☆☆

떡볶이

☀ 먹어봄 ☐　　　　🍃 선호도 ☆ ☆ ☆ ☆ ☆

순대

먹어봄 ☐   선호도 ☆☆☆☆☆

어묵

라볶이

먹어봄 ☐ 　　　　　 선호도 ☆☆☆☆☆

라면

☀ 먹어봄 ☐　　　　🐚 선호도 ☆ ☆ ☆ ☆ ☆

튀김

 먹어봄 ☐　　　　🔺 선호도 ☆☆☆☆☆

Memo

세계음식류

이국적인 맛!

이국적인 향신료와 소스를 통해

다양한 향과 맛을 느낄 수 있는

세계음식을 소개합니다

어떤 음식이 드시고 싶으세요?

타코 | 부리또 | 나시고랭 | 똠양꿍

쌀국수 | 팟타이 | 케밥 | 월남쌈 | 난

고르기 어렵다구요?

제가 도와드릴게요!

나시고랭
똠양꿍
쌀국수
팟타이
월남쌈

동남아

그 외

아시아

케밥
난

남미

타코
브리또

타코

먹어봄 ☐   🔺 선호도 ☆☆☆☆☆

부리또

☀ 먹어봄 ☐　　　🍴 선호도 ☆ ☆ ☆ ☆ ☆

나시고랭

🍂 먹어봄 ☐　　　　🔺 선호도 ☆☆☆☆☆

똠양꿍

☀ 먹어봄 ☐   🍃 선호도 ☆ ☆ ☆ ☆ ☆

쌀국수

팟타이

☀ 먹어봄 ☐　　　　🐦선호도 ☆ ☆ ☆ ☆ ☆

케밥

먹어봄 ☐   선호도 ☆☆☆☆☆

월남쌈

☀ 먹어봄 ☐   🐚 선호도 ☆ ☆ ☆ ☆ ☆

난

먹어봄 ☐   ▲ 선호도 ☆ ☆ ☆ ☆ ☆

Memo

안주류

맛있는 안주!

그리고 좋은사람과 함께한다면

술은 더욱 달콤해집니다

어떤 음식이 드시고 싶으세요?

부침개 | 곱창 | 육회 | 회

돼지고기 | 소고기 | 양고기

치킨 | 김치찜 | 계란찜 | 해물찜

해신탕 | 매운탕 | 오코노미야키

고르기 어렵다구요?
제가 도와드릴게요!

육류

　　구운고기

　　　날고기

육회
회

돼지고기
소고기
양고기
치킨 / 곱창

해산물

해물찜
해신탕
매운탕
오코노미야키

야채

부침개
김치찜
계란찜

부침개

먹어봄 ☐   선호도 ☆☆☆☆☆

곱창

☀ 먹어봄 ☐   🍃 선호도 ☆ ☆ ☆ ☆ ☆

먹어봄 ☐   선호도 ☆☆☆☆☆

회

☀ 먹어봄 ☐   🐟 선호도 ☆ ☆ ☆ ☆ ☆

돼지고기

먹어봄 ☐   ▲ 선호도 ☆☆☆☆☆

소고기

☀ 먹어봄 ☐   🍷 선호도 ☆ ☆ ☆ ☆ ☆

양고기

🍖 먹어봄 ☐   ⛰️ 선호도 ☆☆☆☆☆

치킨

☀ 먹어봄 ☐   🍗 선호도 ☆ ☆ ☆ ☆ ☆

김치찜

🥟 먹어봄 ☐   🔺 선호도 ☆☆☆☆☆

계란찜

☀ 먹어봄 ☐   🐦선호도 ☆ ☆ ☆ ☆ ☆

해물찜

🫐 먹어봄 ☐　　　🔺 선호도 ☆☆☆☆☆

해신탕

☀ 먹어봄 ☐　　　　　🐟선호도 ☆ ☆ ☆ ☆ ☆

매운탕

먹어봄 ☐   선호도 ☆☆☆☆☆

오코노미야키

☀ 먹어봄 ☐   🍴선호도 ☆ ☆ ☆ ☆ ☆

주류

크~

취한다 취해

그런데

정말 기분이 좋다!

어떤 음식이 드시고 싶으세요?

맥주 | 소주 | 위스키 | 막걸리 | 와인

고르기 어렵다구요?

제가 도와드릴게요!

소주
위스키

청량함

달콤함   와인

고소함

맥주
막걸리

맥주

먹어봄 ☐   선호도 ☆☆☆☆☆

소주

☀ 먹어봄 ☐   🍃 선호도 ☆☆☆☆☆

먹어봄 ☐   선호도 ☆☆☆☆☆

막걸리

☀ 먹어봄 ☐   🍶선호도 ☆ ☆ ☆ ☆ ☆

와인

🍖 먹어봄 ☐　　　🔺 선호도 ☆☆☆☆☆

Memo

다이어트류

스트레스? No!

다이어트 음식으로

건강과 외모를 함께 챙기세요!

어떤 음식이 드시고 싶으세요?

샐러드 | 계란 | 감자 | 고구마

닭가슴살 | 방울토마토

고르기 어렵다구요?
제가 도와드릴게요!

계란
감자
고구마
닭가슴살

담백함

상큼함

샐러드
방울토마토

샐러드

먹어봄 ☐   선호도 ☆☆☆☆☆

계란

☀ 먹어봄 ☐　　　🍃 선호도 ☆☆☆☆☆

감자

 먹어봄 ☐   △ 선호도 ☆ ☆ ☆ ☆ ☆

고구마

☀ 먹어봄 ☐　　　🍃 선호도 ☆ ☆ ☆ ☆ ☆

닭가슴살

먹어봄 ☐   선호도 ☆☆☆☆☆

방울토마토

☀ 먹어봄 ☐   🌿 선호도 ☆☆☆☆☆

편의류

바쁘다 바빠!

쉽고 간편하게 먹을 수 있는

메뉴들을 소개합니다

어떤 음식이 드시고 싶으세요?

햄버거 | 감자튀김 | 피자 | 컵라면 | 삼각김밥

도시락 | 핫바 | 핫도그 | 토스트 | 샌드위치

떡 | 도넛 | 만두 | 찐빵 | 타코야끼

고르기 어렵다구요?

제가 도와드릴게요!

햄버거
감자튀김
피자
핫도그

패스트푸드

컵라면
삼각김밥
도시락
핫바

편의점

그 외

그 외

토스트
샌드위치
떡/도넛
만두/찐빵
타코야끼

햄버거

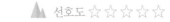 먹어봄 ☐   🔺 선호도 ☆☆☆☆☆

감자튀김

☀ 먹어봄 ☐   🍃 선호도 ☆ ☆ ☆ ☆ ☆

피자

 먹어봄 ☐   ▲ 선호도 ☆ ☆ ☆ ☆ ☆

컵라면

☀ 먹어봄 ☐   🗨 선호도 ☆ ☆ ☆ ☆ ☆

삼각김밥

🫓 먹어봄 ☐   🔺 선호도 ☆☆☆☆☆

도시락

핫바

먹어봄 ☐   선호도 ☆☆☆☆☆

핫도그

☀ 먹어봄 ☐   🦃 선호도 ☆ ☆ ☆ ☆ ☆

토스트

🌥 먹어봄 ☐   🗻 선호도 ☆☆☆☆☆

샌드위치

☀ 먹어봄 ☐   🦃 선호도 ☆ ☆ ☆ ☆ ☆

떡

🍘 먹어봄 ☐   🔺 선호도 ☆ ☆ ☆ ☆ ☆

도넛

☀ 먹어봄 ☐　　　　　🍩선호도 ☆ ☆ ☆ ☆ ☆

만두

먹어봄 ☐   선호도 ☆☆☆☆☆

찐빵

☀ 먹어봄 ☐　　　　　🐷선호도 ☆ ☆ ☆ ☆ ☆

타코야끼

먹어봄 ☐　　　　선호도 ☆☆☆☆☆

Memo

디저트, 음료

운동하고 난 뒤에는

스트레칭으로 끝내야 하는거 아시죠?

달콤한 후식과 음료로

더욱 행복한 식사를 만드세요

어떤 음식이 드시고 싶으세요?

커피 | 라떼 | 차 | 쥬스 | 아이스크림

과일 | 와플 | 카스텔라 | 프레첼

케이크 | 스콘 | 타르트 | 쿠키 | 마카롱 | 붕어빵

고르기 어렵다구요?

제가 도와드릴게요!

커피
라떼
차
쥬스

음료

카스텔라
케이크/스콘
타르트/쿠키
프레첼/붕어빵

빵

그 외

그 외

아이스크림
과일
와플
마카롱

커피

먹어봄 □   선호도 ☆☆☆☆☆

라떼

☀ 먹어봄 ☐   🍃 선호도 ☆ ☆ ☆ ☆ ☆

먹어봄 ☐　　　　선호도 ☆☆☆☆☆

쥬스

☀ 먹어봄 ☐　　　🐦 선호도 ☆ ☆ ☆ ☆ ☆

아이스크림

먹어봄 ☐   선호도 ☆☆☆☆☆

과일

☀ 먹어봄 ☐   🐟 선호도 ☆ ☆ ☆ ☆ ☆

와플

🍥 먹어봄 ☐   🏔 선호도 ☆☆☆☆☆

카스텔라

프레첼

🍞 먹어봄 ☐   🔺 선호도 ☆☆☆☆☆

케이크

☀ 먹어봄 ☐   🍷선호도 ☆ ☆ ☆ ☆ ☆

스콘

🥐 먹어봄 ☐   🔺 선호도 ☆☆☆☆☆

타르트

☀ 먹어봄 ☐   🍃선호도 ☆ ☆ ☆ ☆ ☆

쿠키

🍩 먹어봄 ☐　　　　　🔺 선호도 ☆☆☆☆☆

마카롱

☀ 먹어봄 ☐　　　　🍷선호도 ☆ ☆ ☆ ☆ ☆

붕어빵

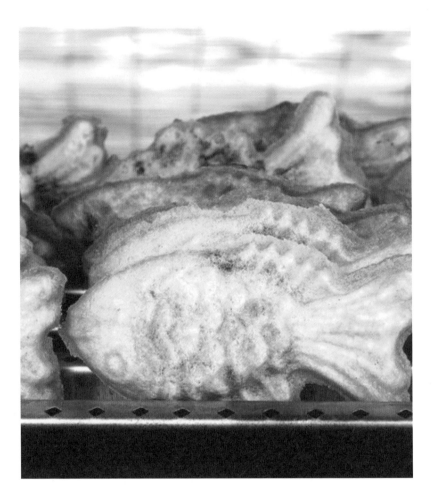

🫓 먹어봄 ☐   🔺 선호도 ☆☆☆☆☆

Memo

사다리타기

어려울땐?

간단하면서 스릴 만점

사다리타기로 정해보는건 어떨까요?

음식
종류

사다리타기

①   ②   ③

밥   면   국

어떤 메뉴를 먹을까? (직접 그려서 진행해주세요!)

④

⑤

⑥

고기/생선

분식

세계음식

밥

① ② ③ ④ ⑤ ⑥

백반
한식뷔페

죽

볶음밥
비빔밥

마파
두부밥

잡채밥

리조또
그라탕

⑨ ⑩ ⑪ ⑫ ⑬ ⑭

제육덮밥 오징어 덮밥 게장 카레 오므 초밥
라이스 라이스

면

①   ②   ③   ④   ⑤   ⑥

칼국수   수제비   물회   비빔국수   잔치국수   짜장면

어떤 메뉴를 먹을까? (직접 그려서 진행해주세요!)

⑨ ⑩ ⑪ ⑫ ⑬ ⑭

물냉면   비빔냉면   스파게티   소바   야끼소바   우동

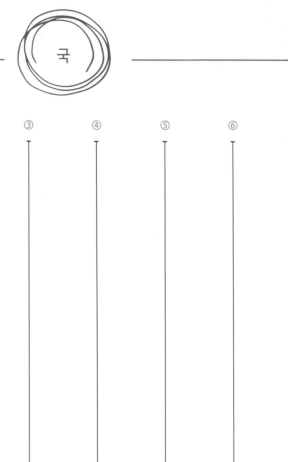

국

사
다
리
타
기

① ② ③ ④ ⑤ ⑥

| 미역국 | 곰탕 | 추어탕 | 선짓국 | 뼈다귀 | 육개장 |
| | 설렁탕 | 동태탕 | | 해장국 | |

어떤 메뉴를 먹을까? (직접 그려서 진행해주세요!)

⑨ ⑩ ⑪ ⑫ ⑬ ⑭

김치찌개
된장찌개

부대찌개

순두부
찌개

콩나물
국밥

순대국밥
돼지국밥

삼계탕

고기

①   ②   ③   ④   ⑤

돈까스   스테이크   와규   샤브샤브   탕수

어떤 메뉴를 먹을까? (직접 그려서 진행해주세요!)

⑥　　　　　⑦　　　　　⑧　　　　　⑨　　　　　⑩

조기　　　　깐풍기　　　　찜닭　　　　닭갈비　　　　족발/
　　　　　　　　　　　　　　　　　　　　　　　　보쌈

생선

① ②

갈치구이
(조림)

고등어구이
(조림)

사
다
리
타
기

246

어떤 메뉴를 먹을까? (직접 그려서 진행해주세요!)

③   ④

꽁치구이   가자미구이

분식

①   ②   ③

김밥   떡볶이   순대

어떤 메뉴를 먹을까? (직접 그려서 진행해주세요!)

④

⑤

⑥

어묵

라볶이/라면

튀김

세계
음식

①   ②   ③   ④

타코/부리또   나시고랭   똠양꿍   쌀국수

어떤 메뉴를 먹을까? (직접 그려서 진행해주세요!)

⑤   ⑥   ⑦   ⑧

팟타이   케밥   월남쌈   난

안주

사다리타기

① ② ③ ④ ⑤ ⑥

부침개 곱창 육회 회 돼지고기 소고기

어떤 메뉴를 먹을까? (직접 그려서 진행해주세요!)

⑨	⑩	⑪	⑫	⑬	⑭
김치찜	계란찜	해물찜	해신탕	매운탕	오코노미야끼

주류

① ②

맥주 소주

어떤 메뉴를 먹을까? (직접 그려서 진행해주세요!)

③

④

위스키/
막걸리

와인

사다리타기

① ② ③

샐러드 계란 감자

다이어트

256

어떤 메뉴를 먹을까? (직접 그려서 진행해주세요!)

④   ⑤   ⑥

고구마   닭가슴살   방울토마토

편의

①   ②   ③   ④   ⑤

햄버거   피자   컵라면   삼각김밥   도시락   핫
감자튀김   핫

사
다
리
타
기

어떤 메뉴를 먹을까? (직접 그려서 진행해주세요!)

⑧　　　　　⑨　　　　　⑩　　　　　⑪　　　　　⑫

트　　　샌드위치　　　떡　　　도넛　　　만두　　　타코야끼
　　　　　　　　　　　　　　　　　　　　　　찐빵

디저트, 음료

① ② ③ ④ ⑤ ⑥

커피 라떼 차 쥬스 아이스 과일
크림

사다리타기

⑨ ⑩ ⑪ ⑫ ⑬ ⑭

라 프레첼 케이크 스콘 타르트 쿠키 붕어빵
마카롱

슬기로운 점심생활

발행일	2023년 3월 31일
지은이	말랑탱크
펴낸곳	바른북스
디자인	유니꼬디자인
ISBN	979-11-92942-29-2
가격	14,000원